Christoph Gottwald

Der. Christoph Gottwalds physikalisch- anatomische

Bemerkungen über die Schildkröten

Christoph Gottwald

Der. Christoph Gottwalds physikalisch- anatomische Bemerkungen über die Schildkröten

ISBN/EAN: 9783743641969

Hergestellt in Europa, USA, Kanada, Australien, Japan

Cover: Foto ©berggeist007 / pixelio.de

Weitere Bücher finden Sie auf **www.hansebooks.com**

D. Christoph Gottwaldts

physikalisch = anatomische

Bemerkungen

über

die Schildkröten

aus dem Lateinischen übersezt.

Mit 10 Kupfertafeln.

Nürnberg,

bey Gabriel Nicolaus Raspe. 1781.

Vorrede.

Wir legen hier dem Geneigten Leser allerhand Bemerkungen über die Schildkröten vor Augen, die zwar
nicht mehr neu, aber doch noch nie durch den Druck bekannt gemacht worden sind.   Ihr Verfasser Christoph Gottwaldt,
Doctor der Arzneyk. zu Danzig *, hatte sich nicht nur grosse
anatomische Kenntnisse, sondern auch ein ansehnliches Kabinet
von allerhand seltnen Naturprodukten gesammelt.   Den grösten
Theil derselben beschrieb er in lateinischer Sprache und ließ die

A 2   Abbil-

---

* Von diesem würdigen Manne soll in der Vorrede zu dessen conchyliologischen An-
merkungen ein mehreres gesagt werden.

Abbildungen auf seine Kosten in Kupfer stechen: ohne Zweifel in der Absicht, solche der Welt mitzutheilen. Allein er starb, ohne dieselbe ausgeführet zu haben, und nach allerhand Besitzern wurden seine Handschriften und Kupferplatten endlich ein rechtmäßiges Eigenthum des Verlegers, der auch, nach dem Rath und Verlangen verschiedener Liebhaber, wo nicht alles, doch das vorzüglichste daraus, dem naturliebenden Publico mittheilen wird. Da die Geschichte der Schildkröten noch nicht so stark, als andere Gegenstände des Thierreichs, ist bearbeitet worden: so macht man damit den Anfang, worauf nächstens dessen conchyliologische und nach und nach noch andere Bemerkungen folgen werden; wenn diese Vorläufer bey Kennern und Liebhabern eine geneigte Aufnahme finden. In der Uebersetzung hat man sich überall so deutlich, als möglich war, ausgedrückt und, allem Misverstande vorzubeugen, hier und da die lateinische Terminologie selbst mit beygefügt: so daß, wer nur die gewöhnlichsten Kunstwörter der Zergliederungskunst inne hat, keinen Anstoß dabey finden wird. Mehr will man, statt eines Eingangs, bey einem Werkgen von wenigen Bögen nicht erinnern; sondern erbittet nur noch für solches eine leutseelige und freundliche Aufnahme. Nürnberg, den 27. August 1781.

Phys.

Physikalisch-anatomische Bemerkungen

von

den Schildkröten.

§. I.

So wie die Natur einem leben Thier nach seiner Lebensart gewisse besondere Wohlthaten erwiesen und nicht nur dessen äusere Gestalt, sondern auch alle äusere und innere Theile so gebildet hat, daß es sein Leben dadurch erhalten kann: also bemerken wir auch bey der Schildkröte *), wenn wir solche zergliedern, viele besondere zu ihrer Lebensart nöthige Eigenschaften. Ich würde vielleicht noch mehrere haben entdecken können, wenn mein Beruf, die starke Ausübung der Heilkunde, mir mehr Zeit dazu übrig gelassen hätte. Indessen habe ich meine etwas eilfertige Beobachtungen (zu denen mir auch Hr D. Joh.

A 3   Hegse

---

* Von solchen verdienen nachgelesen zu werden: *Gerh. Blasi*, Leonh. filii, Observata anatomica in homimibus et brutis instituta. Lugd. Bat. et Amst. apud Waesberg. 1674. 8. Et in animalium anatome etc. Amst. 1681. 4. c. XXXVI. pag. 118. Et *Marc. Aurel. Seuerinus* in Zootomia Democritea etc. L. IV. p. 321. sqq. Norimb. 1645. c. figg. aen. in 4. *Iob. Caldesi* in Obss. anatom. circa Testudines, maritimam s. marinam, fluuiatilem et aquar. dulcium ac denique terrestrem. Italice c. figg. aen. Florent. 1687. 4. Mich. Frid. *Lochneri* Rariora musei Besleriani Tab. XVI. p. 60. Norimb. 1716. c. figg. aen. fol. *Car.* a *Linné* zählt fünfzehnerley Arten derselben. S. dessen Systema nat. (edit. XIII. Vindob. 1767.) pag. 350—354.

Heyſe behülfflich war) kurz zu Papier gebracht, von den vornehmſten Theilen Zeichnungen mitgetheilt und ſolche nach Möglichkeit zu erläutern geſucht. Doch wollte ich nicht wiederholen, was **Plinius**, **Aldrovandus**, **Rondeletius**, **Gesner**, **Jonſton** ꝛc. ꝛc. davon geſchrieben haben; ſondern richtete bey der Zergliederung mein Augenmerk nur auf dasienige, was ich theils anderſt fand, theils andere Schriftſteller übergangen hatten. Von ihrer Lebensart, Begattung und Fortpflanzung, ihrem Unterhalt und der Art ſie zu fangen, wie auch von ihrem innern Bau und dem Nutzen, den ſie in der Arzneykunſt geben, haben **Gesner** und **Jonſton** vieles geſchrieben: iener in ſeinem Buche de Aquatilibus L. IV. p. 941 ſqq. worinnen er gröſtentheils dem **Ariſtoteles**, **Plinius** und **Rondeletius** folgt; dieſer aber in dem Tract. de Quadrupedibus L. IV. Tit. 2. c. 1. art. 2. annotat. 2. welches man nachleſen kann. Meine Betrachtungen waren folgende:

§. II.

Im Nov. des 1686ten Jahrs bekam ich bey Hn. D. Heyſe zu Danzig ein Paar Seeſchildkröten zu ſehen, die er ſchon etliche Wochen in ſeinem Hauſe unterhalten hatte. Weil er aber ſahe, daß ſie matt wurden und am Leibe abnahmen: ſo hielt er für rathſam, anatomiſche Unterſuchungen mit ihnen anzuſtellen und bat mich, ihm dabey an die Hand zu gehen. Sogleich bey meiner Ankunft hatte die eine ihr Leben bereits geendiget, und die andere war dem Tode nah. Wir muſten alſo mit unſerm Vorhaben eilen, damit wir, auſer der Geſtalt und den äuſern Theilen (welche Fig. I. a. Fig. II. a. und Fig. III. b. zu erkennen geben) auch die inneren genau unterſuchen könnten.

§. III.

Es iſt aber die Schildkröte ein Thier, das im Waſſer und auf dem Lande leben kann: doch hält ſie ſich vorzüglich im Waſſer auf, eben ſo wie der Seehund; weil ſie von Fiſchen lebt. Gleichwohl ſoll ſie auch Gras genieſſen und in dieſer Abſicht an das Land gehen. Ihre Eyer legt ſie zu Hunderten

am

am Ufer in eine Grube, bedecket sie über und über mit Sand, läßt sie bey Tage durch die Sonnenstralen erwärmen und sezt sich des Nachts darüber, damit sie von der Kälte keinen Schaden leiden.

§. IV.

Im Lat. heisset sie Testudo: weil sie mit einer Schaale (testa) bedeckt ist. Einige nennen sie den Soldaten: weil sie einen Schild über sich hat. Plinius nennet sie uneigentlich die Seemaus: ob sie gleich nichts ähnliches mit den Mäusen hat. Nach meiner Meinung könnte sie wohl am schicklichsten der Seepapagey heissen, wie Fig. III. lit. b. zu erkennen gibt: denn der Kopf und die Zunge siehet fast eben so aus, wie bey den Papageyen und ihr Laut ist fast der nemliche. Sie hat überdiß eine eingekrümmte und hornartige Nase, der untere Kinnbacken schliesset sich in den obern, der Mund hat keine Zähne; sondern mit ihrem sehr harten Schnabel zerbeißt sie Holz und Muscheln: denn auch diese gehören mit zu ihrer Speise. Sie hat runde von einem schuppigen Kreis der Augenlieder umgebene und eingeschlossene Augen, eine etwas zusammengedrückte Hirnschaale und die Kinnbacken bilden den ganzen hintern Kopf, wie bey den Papageyen. Doch fehlen ihr die Ohrlöcher: denn ich konnte weder solche noch etwas Aehnliches entdecken: da der hintere Theil des Kopfs überall wohl verschlossen war. Ueber dem Schnabel stehen zwey runde Nasenlöcher, daraus sie, wie die Delphinen, Wasser hervortreiben kann. Der obere Kopf ist mit hornartigen Häuten zierlich und in gehöriger Ordnung überzogen. Der untere Kinnbacken und der Hals werden bis an die Flossen und die Brust (desgleichen auch auf dem untern Theil des Leibes) nicht weniger auch die Schenkelbeine und der Schwanz, mit einer harten hornartigen Haut, durch welche viele reihenweis geordnete Abschnitte laufen, bedeckt.

Die Flossen, welche vornen Flügel, hinten aber Füsse genennt werden, sind eben so wie der Kopf mit hornartigen Häuten bekleidet, zum Schwimmen aber tauglicher, als zum Gehen. Doch hat die Natur für sie gesorgt und ihr

an

an dem äuſern Ende der beeden Floſſen zwo Klauen gegeben, die innere Enden der Floſſen aber ſind ſo ſcharf als ein Meſſer, wodurch alſo ihr Gang er-
leichtert wird.   Die Schaale, oder der Schild, iſt nicht nur da, wo er gewölbt erſcheint, ſondern auch am Rande oder Saum mit hornartigen Häuten,
gleichſam als mit kleinen Blechen, (corneis laminis) die in ihrer Ordnung ſte-
hen und wechſelsweis an einander gefügt ſind, überzogen: von der innern Be-
ſchaffenheit des Schildes aber werde ich weiter unten, bey der Beſchreibung
des Skelets, zu reden Gelegenheit haben

Die Farbe der obern Theile des Leibes und der Schaale iſt dunkelbraun,
die Abtheilungen der Bleche aber auf dem Schilde ſind ſchwärzlich, die Erhöhungen aber fallen vom Dunkelbraunen ins Gelbliche.   Die untern Theile ſind
weis, werden immer gelblicher, haben rothe Abtheilungen und ſchwärzliche Fle-
cken.   Alles dieſes werden Fig. I. und II. a. wie auch Fig. III. b. deutlicher
machen.

§. V.

Wir gehen nun weiter zu der Betrachtung der innern Theile, oder der
Eingeweide.   Nachdem die Juncturen an dem Rande des Bruſt- und Rücken-
ſchildes abgeſchnitten waren, ſo bemerkten wir, daß das Darm- oder Bauch-
fell (peritonaeum) überall an dem Schilde genau anhierg. Das vördere in der
Gegend der Schüſſelbeine, vermittelſt gewiſſer Fäſergen, das hintere gegen das
Schambein zu durch Knorpeln, an den Rand aber war es durch ſehr ſtarke
Bänder gefügt.   Die Faſern waren mit Fett durchwebt, das aber durch langes Hungerleiden geſchmolzen war und das Anſehen der Beſtandtheile eines Ein-
geweides (parenchymatis) und eines drüſenartigen Leims bekommen hatte.   Die
Bänder dienen zur Zuſammenziehung und Erweiterung der Schaale, wie wir
bey Gelegenheit des Skelets zeigen werden, auch können die Floſſen und Füſſe
ſich damit eine gröſſere Stärke geben.

§. VI.

über die Schildkröten.

§. VI.

Als der untere Schild, der die Brust und den Bauch bedeckte, wegge=
nommen wurde; so konnte man sehen, wie der ganze Leib des Thiers mit Perga=
menthäutgen, welche die inneren Eingeweide umgeben, verwahrt wird: vom Halse
an bis in die Gegend des Schaambeins aber erstreckte sich der Schmeerbauch,
den kein Zwerchfell unterscheidet, sondern nur das vorgedachte Darmfell bedeckt.
Die Membranen aber machen durch ihre Fasern, so in der Mitte des Schmeer=
bauchs gleichsam in einen Mittelpunkt zusammen laufen, sehr dicke einen Nabel
fast vorstellende Flechsen, die daselbst in den untern oder Brustschild sehr genau
eingefügt sind. Eben so hängen vermittelst der Knorpeln die vördern Schulter=
oder Brustbeine an dem Schilde, so wie auch das Darmfell mit den Schaam=
und Brustbeinen stark zusammenhängt. Die Muskeln, die Brust= und Hüft=
beine werden in der Mitte des Schmeerbauchs durch die Flechsen und Mem=
branen genau verbunden, wodurch das Thier die ihm nöthige Stärke der Floß=
federn zu bekommen scheint. Uebrigens findet man in der Mitte des Schmeer=
bauchs keine Muskeln, sondern das Darmfell knüpft das Brust= und Schaam=
bein durch Bänder und Membranen an einander. Daß das Darmfell mit
vielem Fett überzogen und mit Muskeln, die zur Bewegung dienen, durchwebt
sey, konnte man bey unserm Thier aus den Fettgängen oder Fettblasen wahr=
nehmen, ob es gleich durch langes Hungerleiden ausgemägert war.

§. VII.

Als man das Darmfell vom Halse an bis in die Gegend der Schaam
geöfnet und das Brust= und Schaambein durchschnitten hatte: so zeigten sich
die inneren Theile in ihrer ordentlichen Lage, so wie sie Tab. c. fig. IV. in na=
türlicher Größe vorgestellt sind. Ich werde daher alle vorzüglichen Theile von
oben bis unten, nach der Buchstaben=Ordnung gedachter Tabelle, beschreiben
und was vor andern merkwürdig ist, zugleich anzeigen. Es sind folgende:

a. Der Kopf, die krumme Nase, oder der Schnabel und die Kehle, von
welcher Fig. V. Tab. d, das Merkwürdigste anzeigt.

B   b. Der

b. Der rechte Flügel oder die rechte Flosse, noch mit ihrer Hornhaut überzogen, dabey die Verschiedenheiten der Schuppen und der Hornhäute zu bemerken sind. Man hat solche nach dem Leben abgezeichnet, so daß sie der Größe und der Zahl nach mit dem Original übereinkommen.

b. c. Der linke Flügel, inwendig von seiner Hornhaut entblößt, zeigt starke Muskeln. Seine Knochen, Knorpeln, Gelenke und Flechsen kann man Tab. i. fig. XI. sehen.

d. Die starke Muskeln mit ihren Flechsen, nemlich an der Kehle, Brust, Schlüsselbeinen rc. die keine besondere Beschreibung erfordern: denn ein ieder thut seinen Dienst, wie bey den übrigen Thieren, nach dem es die Lebensart und Verrichtungen des Thiers mit sich bringen. Doch ist anzumerken, daß ein so schweres Thier starke, und nervige Flechsen oder Muskeln zum Schwimmen, noch mehr aber zum Gehen auf dem Lande, nöthig hat. Sie müssen aber noch stärker, sichtbarer und fetter gewesen seyn, eher als sich das Thier so sehr abgezehrt hatte.

e. Das rechte Brustbein, von seinen Muskeln entblößt.

e. c. Das linke Brustbein, mit seinen Muskeln bedeckt, wo die Verschiedenheiten der Fasern und die Einlenkungen der Flechsen in den linken Flügel, als wodurch die Verrichtungen des Flügels bewirkt werden, zu bemerken sind.

f. Die Schlußbeine, das eine bedeckt, das andre entblößt.

g. Die Knorpeln, oder die Fortsätze der Schlüsselbeine, wodurch sie, eben so, wie im Schaambein, mit einander zusammenhängen.

g. c. sind starke Bänder oder Flechsen zwischen dem Brustbein und den Schlüsselbeinen, die eine sehr unmerkbare Bewegung verrichten. Sie sind aber noch mit besondern Muskeln überzogen, welche die Zusammenziehung bewirken.

h. Ein dreyeckiger Knorpel in der Gurgel, mit zween Flügeln, oder sichelförmigen Knorpeln (ii), so die Luftröhre ausdehnen.

k. Die

k. Die Luftröhre, (die nicht aus ganzen, sondern nur aus halbzirkelförmigen Ringen besteht und da, wo sie auf dem Schlund aufliegt, von pergamentähnlicher Substanz ist) so einer Queerhand lang von dem äusern Ende der Gurgel, endlich

l. gespalten ist und in zween Aesten 4. Queerfinger lang frey fortlauft, bis sie sich in die Substanz der Lunge hineinzieht.

m. Die beyde sehr grosse und aus einem blasenartigen Wesen bestehende Lungenblätter. Sie haben zwar wenig Blut und wenige Saftgefässe (parenchymata): doch sind einige Gefässe von beyderley Art merkwürdig. Sie waren aufgeblasen, nahmen die ganze Brust und den Schmeerbauch ein und erstreckten sich bis in die Gegend der Nieren, wo die grosse Schlag- oder Pulsader zween Aeste bildet, doch ohne Zwerchfell, welches Blasius in anatom. animal. pag. 118. bey der Landschildkröte als sehr groß angetroffen haben will. Er kann sich aber auch geirret und das doppelte Darmfell in der Gegend des Schmeerbauchs, wo sich die Zeugungstheile von den übrigen absondern, für ein Zwerchfell gehalten haben. Einige besondere Wahrnehmungen werden unten Tab. g. Fig. IX. vorkommen. Von den aufgeschwollenen Lungenblättern war auch das linke Herzohr, das fast aus einer eben solchen Substanz, als die Lunge besteht, merklich aufgetrieben.

n. Den Schlund, der auf der rechten Seite der Luftröhre in dem gekrümmten Nacken zu finden ist (wie das Skelet zu erkennen gibt), wollen wir nachher Tab. d. Fig. V. beschreiben.

o. Der wie an einem Reiher gekrümmte Nacken ist mit starken Muskeln bevestiget, den Kopf vorzustrecken und einzuziehen.

p. Aus der grossen Pulsader hatten verschiedene Zweige der Arterien (q) sich an den Flügeln, der Kehle und anderen obern Theilen ausgebreitet.

r. Die beeden Herzohren, deren das rechte härtere und fleischigere, so das Blut aus den Pulsadern von sich gibt, etwas hervorstund: das andere aber, nemlich

s. das linke, so das Blut aus der Lunge einnimmt, und fast mit derselben einerley Substanz und Bau hat, in Verhältnis gegen das Herz groß und grösser, als das Herz selbst war.

B 2

t. Das

t. Das Herz iſt klein und dreyeckig und hat kaum ſo viel häutiges Weſen im Umfang, daß es die Hölung der Ohren und der groſſen Pulsader faſſen kann. Es war ganz welk, aber vielleicht nur von dem langen Hunger.

u. Die untere Spitze war mit einem ſtarken Band oder Flechſe an den Herzbeutel geknüpft.

w. Der Herzbeutel hatte noch einige Feuchtigkeit in ſich, das Herz damit anzufriſchen.

x. Ein Theil des Bauchfells, das wir zunächſt darauf ſehen, bedeckt das Obere der Lungenblätter, das übrige deſſelben iſt weiter entfernt und liegt auf den Hüften h h auf.

y. Die Leber beſtund aus einem einfachen Körper und war zwar nicht in Lappen getheilt, hatte aber doch einige Ausdehn= und Erhöhungen.

z. Die Gallblaſe, die in einem Grübgen der Leber einverleibt iſt, iſt ganz verſteckt und man bekommt nur allein die über dieſes Grübgen geſpannte Haut zu ſehen.

aa. Der Magen liegt, nach ſeiner ordentlichen Lage, nicht wie bey andern Thieren nach der Quere, ſondern hängt vorwärts herab.

bb. Der Zwölffingerdarm und das leere Gedärm, wie auch alle übrige Gedärme, ſind dünn und erſtrecken ſich in der Länge ohngefähr auf 4½ Elen, den blinden Darm findet man nicht.

cc. Der Grimmdarm iſt kaum einer Spanne lang.

dd. Das Schaambein.

ee. Die Spuren der Knorpeln, wo die Schenkel abgeſchnitten ſind, damit man die übrigen Theile beſſer finden kann.

ff. Der Lendenmuskel.

gg. Ein abgelöſter oder weggeräumter Theil des Darmfells.

hh. Die Schenkel von ihrer Haut entblöſt.

ii. Der Maſtdarm.

kk. Die Hölung über der Oefnung des Hintern, worein eine Fingerslange Sonde geſteckt iſt. Sie iſt ſo weit, daß man auch wohl einen Fin-

ger

ger hinein bringen kann. Wir haben sie auf einer Seite zerschnitten, damit wir sie desto besser betrachten konnten.

ll. Die Oefnung des Hintern selbst, worinnen die andere Sonde stecht.

mm. Das äuserste Ende des Schwanzes.

nn. Die äuseren Enden der Schaale oder des Schildes.

oo. Der Saum der Schaale.

§. VIII.

Bey noch genauerer Betrachtung dieses Geschöpfs, haben wir noch einige Merkwürdigkeiten wahrgenommen und Tab. d. Fig. V. vorstellig gemacht.

a. Der Kopf, in dessen offen stehendem Munde keine Zähne zu sehen sind. Statt derselben aber zeiget sich an dem obern Kinnbacken oder vielmehr Gaumen

f. ein hornähnlicher Saum, der mit dem äusern Saum (a x) die Stelle der Zähne vertritt, und zwischen welchen beyden der untere Schnabel oder Kinn- backen (d) sich beym Schliessen genau einfügt. Das Zusammendrücken des obern und untern Schnabels ist so nachdrücklich, daß er auch einen ziemlich star- ken Stab, Muscheln, Schnecken und andere sehr harte Körper damit zer- malmen kann.

e. Der ganze Gaumen ist am vördern Theil hornartig, am hintern aber, gegen den Schlund zu, mit nervigen Fasern versehen.

g. Die Zunge hat keinen Muskel, sondern ist runzlich, und mit einer nervigen harten Haut überzogen: inwendig aber knorpelich, dick und fast rund, wie bey den Papageyen, und da sie an dem äusersten Ende der Gurgel befesti- get ist; so bildet sie einen Körper, der bey dem Schlucken sich in die Höhe hebt. Daher Gesner im IV. Buch de Aquatilibus pag. 944. die Zunge der See- schildkröten für unvollkommen ausgibt.

h. Eine längliche Spalte, die statt des Kehldeckleins dient. Vermittelst der runzlichen Haut der Kehle und der pergamentähnlichen Fasern des Schlun- des (als welche ein Thürgen bilden, so jene Spalte genau verschließt), kann

B 3 sie

sie solche zusammenziehen und die in der Lunge befindliche Luft lang bey sich be-
halten, ohne Athem zu holen. Ueber dieser Spalte ist der Eingang in die
weite Kehle (h x) sehr leicht: ja es läßt sich solche noch weiter ausdehnen.
Diese hat auswendig eine rauhe, harte, pergamentähnliche, nachher muskulöse und
starke Haut, die aber inwendig nervig, nach Art der Kornähren gebildet ist
(spicata) und hornartige sehr spitzige Stacheln hat. Solche sind hol, mit einer klebrigen Materie angefüllt, stehen sehr dicht an einander und sind bey dem
Anfang der Kehle grösser als an einer Ochsenzunge, im Fortgang oder im
Fortsatz aber haben sie die Grösse eines Gerstenkorns. Sie sind so scharf als
eine Nadel und haben eine kegelförmige Gestalt (Tab. d. Fig. V. kk). Mit
solchen sind noch kleinere, eben so spitzige Stacheln vermengt, dergleichen am
Anfang der Speiseröhre befindlich und denen ähnlich sind, die man bey den
Ochsen antrift. M. Aurel. Severinus wundert sich in seiner Zootom. p. 321.
daß Rondeletius solche übersehen hat. Diese ährenähnliche Theilgen (spi-
culae) neigen sich mit ihren Spitzen alle gegen den Magen hinab, damit die
Speisen leichter eindringen, von den Spitzen zermalmt werden (weil weder im
Munde eine Kauung vorgeht, noch im Magen ein säuerliches Ferment eine
wässerige Verdünnung befördern kann) und in den Magen gelangen können,
gleichwohl aber mit Ausstossung der wässerigen Feuchtigkeiten nicht wieder mit
herausgekotzet werden. Denn diese Spitzen dienen gleichsam als ein Schlagbaum
(remora) in Absicht auf die bereits genossenen Speisen. Wir fanden zwischen
diesen spitzigen Theilen noch einen Fisch steckend, der zum wenigsten schon 3 Tage
und darüber daselbst gehangen hatte: denn über anderthalb Monate hat das Thier
wenig Speise zu sich genommen und, so lang es Hr. D. Heyße hatte, einen Abschen
davor bezeigt. Vielleicht konnte es aber auch selbigen, wegen seines kränklichen
Zustandes, nicht verdauen. Ob diese Spitzen, auser dem, daß sie die Speisen
auflösen, noch einen andern Nutzen haben, wäre erst zu untersuchen. Vielleicht
befördern sie die Gährung im Magen, das aber nicht gewiß zu bestimmen ist.
Gegen den Magen zu nehmen diese ährenförmige Theile an Grösse, Härte und
der Anzahl ab, werden, ie näher sie dem Magen kommen, immer unkenntlicher
und den Wärzgen ähnlich, die man im Schlunde der Kälber bemerket. Der
Magen

Magen war runzlich und zwischen den Falten fand sich ein Ferment, wie bey andern Thieren.

n. Der **Pförtner** nebst dem ventriculo nerveo hatte noch etwas Schleim in sich.

o. Die **Milz** lag als ein Taubeney mitten im Gekröse (o x). Die Gekrösdrüse war in Verhältnis gegen die Milz grösser, zog sich nach der Länge des Zwölffingerdarms herab und war sehr dünn.

p. Die **Luftröhre,** ihre beyden Aeste (q) der Eingang in die Lunge (r) ist aus der Abbildung deutlich zu sehen und bedarf keine Erklärung.

s. Die **Harnblase** war, nach Verhältnis des Subjects, groß und so auch

t. der **Mastdarm** (u) die **Schaambeine** (w) die **Brustbeine** mit den Brustbändern x, y, z. etc. die anderstwo sollen beschrieben werden.

§. IX.

Wir wollen nun auch von den Zeugungsgliedern dieses Thiers männlichen Geschlechts einige Merkwürdigkeiten anführen. Als man das Darmfell weggeräumt hatte, zeigten sich (nach Tab. e. fig. VI.) allerhand nervige, arteriöse, lymphatische und Saamen-Gefässe, nebst andern zur Zeugung nöthige Theile, die Nieren mit ihren Harngängen, doch noch keine Blase, als welche in der Hölung des Schmeerbauchs verborgen lag (wie bey Tab. f. fig. VII. wird gezeigt werden), wo wir zugleich von den weiblichen Geburts- und andern damit verwandten Gliedern insbesondere handeln wollen.

Hier muste angedeutet werden: (a) die **Scheide,** in welche (d) der Mastdarm gehet, in den eine Sonde (b) gesteckt ist, und der einen nervigen Ring hat, den Darm zu verschliessen, damit die freywillige Aussonderung und Zurückhaltung des Unraths kann bewerkstelliget werden. Sodann der Harngang (c) der mit der Sonde (c) bemerkt ist und ebenfalls seinen Schließmuskel hat, damit der Mastdarm nach Gefallen zusammengezogen werden kann. Ferner die Harngänge (f), die aus den Nieren (g) hervorkommen und in den Hals der Harnblase f. hineinlaufen. Endlich das corpus nerueum (k), das aus z. nervigen

vigen Gängen besteht.   Es entspringen solche von beyden Seiten des Rückgrats (h) aus dem Rückmark (i) selbst, endigen sich in dem Ende der vaginae communis, wie das Schaamzünglein bey dem weiblichen Geschlecht, und laufen auf eine ziemlich erhabene Warze (l) aus.   Ob dieses das männliche Glied sey, zweifle ich: weil ich dergleichen Körper auch bey der folgenden weiblichen Schildkröte angetroffen habe, und daher auf den Verdacht gerathen bin, ob auch die bißher beschriebene wirklich ein Männgen, wofür sie ausgegeben wurde, gewesen sey; denn ich bemerkte an dem folgenden Weibgen fast eben dergleichen Schaamtheile. Nur bedaure ich, daß ich gehindert wurde, einen Eyerstock aufzusuchen, welches in der Sache das beste Licht gegeben hätte.

Doch wir gehen weiter auf Fig. VII. und untersuchen die Schaam = und Zeugungstheile der andern Schildkröte.   Wir wollen daher Acht geben: auf eine besondere Hölung (a), welche unter der vagina communi, deren Eingang mit (n) bemerkt ist, angetroffen wird.   Man kann in selbige mit einer Sonde 3 Queer = Finger breit hinein kommen und sie ist so weit, als die vagina communis selbst und läßt sich sehr stark ausdehnen.   In dieser Hölung, glaube ich, werden die Eyer aufbehalten, bis das Thier am Ufer einen bequemen Ort ausfündig macht, solche abzulegen.   Ein mehrers wird sich bey der Erläuterung der folgenden Tab. f. fig. VIII. sagen lassen.

Diese zeiget uns die aufgeblasenen Lungenblätter, ihre Lage und ordentliche natürliche Grösse: denn sie erstrecken sich bis an die Doppelhaut des Darmfells (duplicaturam peritonaei).   Diese vertritt bey ihnen die Stelle des Zwerchfells und schließt zugleich die Geburtstheile nebst den Nieren in sich.   Ich glaube also, Blasius habe geirret, wenn er solche für das Zwerchfell ausgibt und dazu setzt, daß sie sich bis an die untersten Theile der Schaam erstrecke; davon weiter unten!

Die Leber (a) ist nach Beschaffenheit des Thiers zwar sehr groß, aber doch hier über die natürliche Grösse erhoben.   Sie hat die Pfort = und grosse Pulsader (b, b, x) unter sich, davon schon vorher ist geredet worden.

Der

Der rechte Lungenflügel (d) war von einer zartern Substanz, als der linke (c) und nicht so dick. Die Ursache ist, weil man in dem linken Lungenflügel eine Blase findet (f), Tab. g. Fig. IX. die sich über die Hälfte des Flügels ausbreitet. Diese Blase nimmt, wenn man die Lunge durch ein Röhrgen aufbläst, eher Luft ein, als die Lunge selbst, fällt auch später zusammen und verliert die Luft nicht so bald. Vermuthlich kann das Thier solche nach Gefallen aufblasen und wieder leer machen, nach dem es die Noth erfordert: denn ich glaube, daß sie vornemlich zum Schwimmen behülflich ist, die Schildkröte aber selbige auf dem Lande nicht braucht, sondern dadurch vielmehr würde gehindert werden. Ueberdiß sahe man auf diesem linken Lungenflügel (d) Tab. g. Fig. IX. noch eine andere Blase (e), die aber mehr inwendig in der Substanz des Flügels selbst stack, und nach meiner Meinung von einem zerborstenen Saftgefäs mag entstanden seyn. Hinten in der Gegend des Wirbels und an den Seiten hängt die Lunge einer queeren Hand breit durch Fäsergen so genau an dem Darmfell, daß solches, so zu reden, die Haut der Lunge selbst zu seyn scheint, sonderlich gegen die untere Enden zu. Allein solches geschieht deßwegen, daß die Lunge bey ihrer Ausdehnung nicht von der Doppelhaut des Darmfells, in welche selbst der Eyerstock lauft, und womit noch einige kleinere Gefässe in Verbindung stehen, abgerissen werden kann. Auf den beyden gewölbten Theilen der Lunge gegen den Rücken zu finden wir ein merkwürdiges in arteriöse und nervöse Fäsergen verwickeltes Gewebe, welches von den Hals oder Kehlengängen seinen Anfang nimmt, bis an die äuseren Ende der Lungenflügel und von da bis an die Eyerstöcke fortlauft und sich endlich in dieselben unmerklich verliert, welches aber nur durch das Vergrösserungsglas kann bemerkt werden.

§. X.

Die Eyerstöcke (ff) Tab. f. Fig. VIII. sind stark röthliche knotige Körper (corpora varicosa), die an dem äusersten Theil der Lunge eingefügt und mit sehr kleinen Eyern gefüllt sind, so die Grösse des Saamens vom Motten oder Schabenkraut oder vom Fingerkraut haben. Durch das Vergrösserungsglas

C sahen

sahen sie sehr niedlich aus und waren ordentlich abgetheilt. Sie waren dem Darmfell einverleibt, wo es die Nieren bedeckt, laufen zwischen der Doppelhaut desselben und dem Mastdarm, welche Theile sehr genau mit einander verbunden sind, fort, bis an die Tab. e. Fig. VII. beschriebene Hölung, wovon uns der Augenschein überzeugt. Wenn ich eine Vermuthung wagen darf, so wird vielleicht die nervöse Substanz, die man in der Mutterscheide antrift, bey der Begattung durch einen Kitzel gereizt und theilt diese Empfindung durch die in das Rück- mark laufenden Theile dem Hirn und übrigen ganzen Nervensystem mit, da- durch sodann eine Wirksamkeit (actio) entstehet, die durch das nervige Gewebe (II) Tab. s. Fig. VIII. so nach der Länge der Lunge bis an den Eyerstock sich erstreckt, fortgesezt und also endlich die Zeugung befördert wird. Denn Nah- rung und Wachsthum geben die Arterien, Wirksamkeit aber die Nerven, wel- che, wie sie sehr zarte Gänge sind und also eine viel genauere Untersuchung brauchen, (weil der Antrieb der Säfte (pulsus humorum) nicht zu bemerken, die Wirksamkeit aber der Lebensgeister noch dunkler ist) sich die kluge Natur ganz allein vorbehalten zu haben scheint. Wenn andere die Sache besser ein- sehen und beurtheilen können: so will ich ihnen den Vorzug im geringsten nicht streitig machen.

§. XI.

Ich komme nun auf die Theile unter der Doppelhaut des Darmfells (m), welche Blasius bey der Landschildkröte das Zwerchfell nennt, wobey zuerst die Nieren n und o zu betrachten sind. Es sind solche zusammenhängende Kör- per, die in dem Darmfell vest eingeschlossen sind, ein Becken aber (p), das ich in der linken Niere (o) geöfnet habe, läuft nach der Länge der Niere herab. Diese Becken erstrecken sich in die Harngänge (!), welche darnach durch ihre warzenähnliche Drüsgen (k) den Hals der Blase durchbohren und ihre Feuch- tigkeiten daselbst von sich geben.

Die Harnblase (h) und der Mastdarm (q), die als ausdehnbare Theile in der Hölung des Schmeerbauchs auser der Doppelhaut liegen, damit
sie

sie in der Doppelhaut selbst an ihrer Ausdehnung nicht gehindert werden, oder andern dünnern Theilen innerhalb der Doppelhaut Schaden zufügen können. Daher wird sowohl die Blase als auch der Mastdarm durch besondere Mündungen, jene bey (i) diese bey (r), der Mutterscheide (s) einverleibt. Die nervige Substanz (t) mit ihrem Fortsatz auf der linken Seite (u) bis an das Rückgrat ist ebenfalls vorgestellt.

Der Hintere (w) zeigt sich zunächst am Ende des Schwanzes, so daß, wenn ich nicht irre, noch 6. oder 7. Wirbelbeine übrig bleiben. Dieses mag von den weichern Theilen genug seyn, izt folgen die vesteren, oder das Skelet, das aus Knochen und hornartigen Decken (laminis) bestehet.

Zuerst ist der untere oder Brustschild (Tab. h. fig. X.) zu bemerken, der aus etwas breiten, platten theils über die Queere, theils nach der Länge und Breite faserigen Beinen (a) besteht, damit er eine Gewalt aushalten kann, aussen aber ist er mit hornartigen Schaalen oder Blechen überzogen, wie aus der vorgedachten fig. (w) welche die Vergliederung und Bildung dieser Knochen deutlich vor Augen legt, kann gesehen werden. Die Zeichnungen dieses Schildes, oder die Verbindungen der kleinen Bleche, woraus er besteht, sind schon Tab. a. Fig. II. vorgestellt worden.

§. XII.

Wir gehen fort zu Tab. i. fig. XI. worauf die Beine des Kopfs, die Hirnschaale, der Gaumen, die Kinnbacken, der Nacken und dergleichen vorgestellt sind. Solche haben eine Aehnlichkeit mit den Beinen der Vögel; daher ich mich bey Beschreibung derselben nicht aufhalten will. Doch verdient der Nacken, der mit dem Nacken eines Reihers übereinkommt, gekrümmt und aus 8. Wirbelbeinen zusammengesetzt ist, vornemlich eine Betrachtung. Er ist desswegen gekrümmt, damit das Thier im Gehen den Kopf in der Höhe tragen kann; denn der Brustschild liegt stets auf der Erde auf: daher auch solcher, wenn es lang auf dem Lande gehen muß, etwas abgerieben wird. Zwischen dem lezten

und

und vordern Wirbelbein des Nackens sind die Schlüsselbeine oder die Stützen der Brustbeine eingefügt, damit der Schild nicht so sehr zusammengedrückt wird.

Es folgen darauf 11. Wirbelbeine, die mit ihren Ribben, vermittelst gewisser Knorpeln, überall an den obern Schild vest angehängt sind, so daß die Wirbelbeine, noch weniger aber die Ribben, so gleichsam an die Beine angewachsen und dem Schilde eigen zu seyn scheinen, davon kaum getrennt werden können. Das oberste Wirbelbein ist kurz, und hat gleichsam ebenfalls zwo kurze falsche Ribben: die übrigen 6. sind größer, ihre Ribben reichen bis an den Rand des Schildes und laufen in denselben hinein. Darauf folgen 2. kleinere Wirbelbeine, obgleich ihre Ribben ein wenig anderst, als die vorigen gebildet sind, sich herab leuken und unter dem untern Theil des gewölbten Schildes liegen. Das zehnte Wirbelbein hat 2. sehr kurze Anhänge der Ribben, daran die Flechsen befestiget sind. An das letzte derselben werden gleichsam durch gewisse Vergliederungen die Schaam- und Schenkelbeine gefügt, an welche auch die Schenkel und endlich an diese die 4. Glieder eines ieden Fingers und 2. des Daumens durch Knorpeln angehänget sind. So wie hinten, also sind auch vornen in die an die Wirbelbeine des Nackens befestigten Brustbeine die Arme mit ihren Spindeln und Fingergelenken eingefügt. Am Ende findet sich noch der Schwanz, von dem 4. Wirbelbeine mit ihren Anhängen noch stark an dem Schilde haften, die übrigen aber, ohngefähr 20. frey und an den Seiten nach Gefallen beweglich sind. An das alleräusserste Ende der Wirbelbeine stößt ein rundes Loch, welches die beyden letzten Bleche des obern Saums bilden, wozu aber? kann ich nicht sagen. Vielleicht daß sie dadurch sich begatten: denn ihre Begattung soll wie bey den Hunden geschehen. Da ich aber solche nicht gesehen habe: so will ich nichts entscheiden. Der Schild selbst besteht aus einem breiten, platten und gewölbten Bein, das seine Fasern von den Ribben hernimmt und an dieselben stark angewachsen ist, wie die Abbildung zu erkennen gibt. Auch der Rand oder Saum ist beinern: aber doch ist sowohl dieser, als der Schild selbst mit hornartigen Blechen überzogen, deren artige Zeichnungen Fig. I. Tab. a. zu erkennen gibt. Nun folgen noch

§. XIII.

§. XIII.

Kurze Erklärungen der Kupferplatten und Figuren.

TAB. a. Fig. I. Eine Seeschildkröte und ihr oberes Ansehen auf dem Rücken, vornemlich der Rückenschild.

Fig. II. Eben derselben unteres Ansehen, oder der Brustschild.

TAB. b. Fig. III. Ihr Ansehen von der Seite her, nach welchem sie einen Papagey vorstelle und daher vom Verfasser der Seepapagey genennt wird;

TAB. c. Fig. IV. Natürliche Lage der innern Theile, nachdem das Darmfell abgelöst worden war.

a. Der Kopf mit der krummen Nase, oder Schnabel und der Kehle.

b. Der rechte Flügel oder die rechte Flosse, noch mit der Hornhaut überzogen.

b, c. Der linke Flügel inwendig von seiner Hornhaut entblößt, so wie er die Muskeln zu erkennen gibt.

d, d, d. Die Muskeln mit ihren Flechsen, nemlich: Der Gurgel, der Kehle, der Brust und der Schlüsselbeine.

c. das rechte Brustbein von den Muskeln entblößt.

c, c. Das linke Brustbein noch mit seinen Muskeln bedeckt.

f, f. Die Schlüsselbeine, deren eines blos, das andere noch mit seinen Muskeln bedeckt ist.

g, g. Die Knorpeln der Schlüsselbeine, dadurch sie verbunden werden.

gc, gc. Die Bänder, oder starke Flechsen zwischen den Brust- und Schlüsselbeinen, die mit besondern Muskeln, so die Zusammenziehung verrichten, überzogen sind.

h. Der dreyeckige Knorpel der Gurgel.

C 3				i, i. Zween

i, i. Zween sichelförmige Knorpeln oder Flügel des dreyeckigen Gurgelknorpels.

k. Die Luftröhre.

l, l. Die gabelförmige Gestalt derselben.

m, m, m, m. Die beeden sehr grossen Lungenflügel.

n, n. Der Schlund an der rechten Seite der Luftröhre.

o. Der Nacken mit starken Muskeln befestigt und gekrümmt, wie der Nacken eines Reihers.

p, p, p. etc. Die verschiedene Vertheilungen der grossen Pulsader, die sich an die Flügel, die Kehle und die obern Theile erstrecken.

q. Die grosse Schlag= und Pulsader, wie sie zunächst vom Herzen ihren Fortgang nimmt.

r. Das rechte Herzohr von harter und fleischiger Substanz.

s. Das linke Herzohr, so an Grösse das Herz selbst übertrift.

t. Das kleine, dreyeckige, verschwollte Herz.

u. Die Spitze des Herzens, mit einer starken Flechse an den Herzbeutel befestiget.

w. Der Herzbeutel.

x. Ein Theil des Darmfells, wie es auf der Lunge aufliegt.

y, y, y. Die Leber, nicht mit ihren Lappen, doch nach ihrer Ausdehn= und Erhöhung vorgestellt.

z. Die Gallblase auf der rechten Erhöhung der Leber, in einem Grübgen und mit einer zarten Haut überzogen.

aa, aa. Der Magen in seiner natürlichen Lage.

bb, bb. Der Zwölffinger= und leere Darm, sehr mager.

cc, cc. Der Grimmdarm kaum eines Daumens lang: der blinde Darm aber war gar nicht vorhanden.

dd. Die Schaambeine.

dc. Die

d c. Die Zwischenknorpeln am Schaambein.

e e, e e. Die Spuren der Knorpeln, wo die Schenkelbeine abgelöst sind.

ff. Die Muskeln.

gg. Ein abgelöster Theil des Darmfells

hh, hh. Die Schenkel von ihrer Haut entblöst.

ii. Der Mastdarm.

kk. Eine Höhlung über der Oefnung des Hintern, ein wenig zerschnitten und mit dareingesteckter Sonde bemerkt, die Eyergen daselbst zu sammeln.

ll. Die Oefnung des Hintern mit einer andern Sonde angedeutet.

mm. Das Aeuserste des Schwanzes.

nn, nn. Die äusersten Enden der Schaale, oder des obern Schildes.

oo, oo. Der Saum der obern Schaale, oder der zurückgebogene Rand.

TAB. d. Fig. V. Die Höhlung des Mundes, mit dem Rachen, dem Schlund und dem Magen.

a. Der Kopf, in dessen offenem Munde keine Zähne zu sehen sind.

a, x. Ein hornartiger Saum des untern Kinnbackens, der statt der Zähne dient.

b. Ein Aug.

d. Der untere Schnabel oder Kinnbacken.

e. Der ganze hornartige Gaumen, der aber doch gegen den Schlund zu mit nervigen Fasern versehen ist.

f. Der innere hornartige Rand am Gaumen, oder dem obern Kinnbacken, der die Stelle der Zähne vertritt.

g. Die knorpeliche, fast runde, runzliche und nervige Zunge, mit einer harten Haut überzogen, bey nahe wie bey den Papageyen.

h. Eine Spalte, die statt des Kehldeckleins bis an die Lunge reicht und mit Membranen, gleich als mit Thüren, verwahrt ist.

h, x. Der

h, x. Der ziemlich weite, zunächſt über der Spalte (h) offen ſtehende Eingang in die Kehle.

i, i. Die äuſere, glatte Subſtanz der Kehle, die hart und membranartig iſt, nachher aber muskulös und ſtark wird.

k, k. Die innere Haut der Kehle. Sie iſt mit Nerven durchwebt, ährenförmig, mit hornartigen ſehr ſcharfen, inwendig holen, mit einer klebrigen Materie angefüllten Aehrenſpitzen beſetzt. Die gröſten darunter haben die Gröſſe eines Gerſtenkorns und ſind mit den Spitzen einwärts nach dem Magen gekehrt.

l, l. Die untere dem Magen am nächſten ſeyende Gegend, die mit immer wenigern, kleinern und weichern kornähzigen Theilgen begabt iſt.

m, m. Der runzliche gefaltete Magen.

n. Der untere Hals des Magens mit dem Pförtner.

o. Die Milz, als ein Taubeney, faſt mitten im Gekröſe liegend.

o, x. Die groſſe unter der Milz gelegene Magendrüſe, die nach der Länge des Zwölffingerdarms fortläuft und ſehr dünn iſt.

p, p. Der Stamm der Luftröhre.

q, q. Die gabelförmige Theilung derſelben.

r, r. Einer von den beyden Lungenflügeln, mit einverleibter Luftröhre.

s. Die ziemlich groſſe Harnblaſe in der Hölung des Schmeerleibs.

t. Der Maſtdarm.

u, u. Die Schaambeine.

w. Die Bruſtbeine.

x. Der Pförtner mit einem nervigen Ring.

TAB. e, Fig. VI. Die männlichen Zeugungstheile, als wofür ſie gehalten wurden.

a a, Die gemeine Scheide (vagina communis).

b. Die

b. Die Oefnung des Maftdarms, mit einer Sonde bemerkt.

c. Der Eingang in den Harngang, worinnen eine Sonde fteckt.

d. Der Maftdarm mit feinem nervigen Ring.

e. Die Harnröhre nebft der Blafe.

f. Eben derfelben Einlenkung in den Hals der Blafe.

g. Die rechte Niere mit ihrem Harngang, der fich in den Hals der Blafe zieht.

h. Das Rückgrat.

i. Das Rückmark, fo das corpus nerueum bildet.

k, k. Das corpus neruenm, fo aus zween nervigen Gängen beftehet und aus dem Rückmark feinen Urfprung nimmt.

l. Eine fnorpeliche am Ende der gemeinen Scheide ziemlich vorftehende Warze oder Drüfe, die man ohngefähr einen Finger breit von der Oefnung der Blafe gewahr wird, in welche iene nervige Gänge verpflanzt werden.

m. Das Aeuferfte des Schwanzes, worunter die Oefnung des Hintern zu fehen ift.

TAB. e. Fig. VII. Die weiblichen Geburtsglieder mit den Nieren und der Blafe.

a. Eine befondere Hölung unter der Mutterfcheide, von einerley Breite mit derfelben, in die man eine drey Finger lange Sonde ftecken kann. In diefer, glaubt man, fammeln fich die Eyer vor ihrer Hervorkunft.

b. Eine fnorpeliche Drüfe des corporis porofi, oder der Fortfäße der Nieren.

c. Ein Theil der Mutterfcheide zurückgebogen.

d. Der Harngang.

e, e. Die gabelförmige Spaltung des corporis neruofi, die auf beiden Seiten in das Rückmark lauft.

D   f. Die

f. Die Einverleibung der Harnröhre in die Mutterſcheide.

g. Die Einverleibung des Maſtdarms in eben dieſelbe.

h. De Maſtdarm, mit ſeinem nervigen Ring.

i. Das Rückgrat.

k. Die aufgetriebene Urinblaſe.

l. Der Hals der Blaſe, in welche ſich auf beyden Seiten die Harngänge ziehen, die aus den Nerven hervorkommen.

m, m. Die rechte und linke Niere.

n. Die Oefnung, oder der Eingang in die Mutterſcheide.

o. Das Aeuſere der Wirbelbeine, oder der Schwanz.

TAB. ſ. Fig. VIII.   Die aufgeblaſene Lunge in natürlicher Gröſſe mit dem Eyerſtock.

a. Die Leber nur einflügelich (monolabum), in mehr als natürlicher Gröſſe.

b. Die Pfortader.

b, x. Die groſſe Pulsader.

c. Der linke Lungenflügel, der dicker iſt, als der rechte.

d. Der rechte zartere und nicht ſo dicke Lungenflügel.

e, e. Ein aus Arterien und Nerven beſtehendes Geflecht, ſo über die ganze Länge desjenigen Lungentheils, der gegen den Rücken zu liegt, herab lauft und am Ende des Lungenflügels faſt unmerklich ſich in den Eyerſtock verliert.

f, f. Ein geſchlängeltes, warziges und hochrothes Bläsgen, das mit überaus kleinen Eyern angefüllt iſt, und das wir den Eyerſtock genennt haben.

g. Die Einverleibung des Eyerſtocks in das Darmfell, da, wo es die Nieren bedeckt und die Doppelhaut macht.

h. Die Harnblaſe auſerhalb der Doppelhaut in der Hölung des Schmeerbauchs, bey dem Durchgang des Darmfells.

                                                                    i. Die

i. Die Oefnung der Harnblase.

k. Die warzenähnliche Drüsen der Harngänge.

l. Die Harngänge, wie sie von dem Nierenbecken ausgehen und sich dem Hals der Blase einverleiben. Der rechte ist durch die dareingesteckte Sonde bemerkt.

m, m. Das Darmfell mit der Doppelhaut an den Nieren, die Blasius irrig für das Zwerchfell angesehen hat.

n. Die rechte Niere in die Doppelhaut des Darmfells eingeschlossen.

o. Die linke Niere, nach der Länge zerschnitten.

p. Das eröfnete Becken der linken Niere.

q. Der Mastdarm mit seinem nervigen Ring.

r. Die Mündung des Mastdarms, wie sie gegen die gemeine Scheide zu offen stehet.

s. Die Vagina communis selbst.

t. Das corpus nervosum, oder die nervigen Fortsätze des Rückmarks.

u. Eben desselben Fortgang auf der linken Seite bis an das Rückgrat.

w. Der Hintere.

x. Das äuserste Ende des Schwanzes unter dem Hintern.

y. Die rauhe Haut.

z. Ein Theil des Darmfells.

TAB. g. Fig. IX. Die Lunge nebst der Luftröhre und einem besondern Luftbläsgen.

a. Der Stamm der Luftröhre.

b, b. Desselben gabelförmige Theilung.

c. Der rechte Lungenflügel, der zarter und nicht so dick ist, als der linke.

D 2	d. Der

d. Der linke hintere und dickere Lungenflügel.

e. Ein Bläsgen auf dem Beſtandweſen des linken Lungenflügels, das von einem außerordentlichen Bruch oder Zerſpringen entſtanden iſt.

f. Eine groſſe Blaſe auf der Oberfläche des linken Lungenflügels, da, wo er ſich nach den untern Bruſtſchild hinneiget. Sie iſt merk- und ſehenswürdig: weil ſie bey Aufblaſung der Lunge ſich zugleich mit erhebt, aber doch, wenn ſolche wieder einſizt, nicht ſogleich wieder zuſammenfällt.

TAB. h. Fig. X. Der untere oder Bruſtſchild nach ſeinem innerlichen Anſehen.

a, a, a. Die innere, gleichſam aus lauter Balken beſtehende, beinerne Structur des Bruſtſchildes, oder allerhand beinerne Ausdehnungen, die nach der Länge und Breite auf mancherley ſpizige Fortſäze auslaufen, und woduch er ſeine Stärke erhält.

b, b, b. Kleine hornartige Bleche, die nach ihrem innerlichen Anſehen durch die beinernen Abſäze dieſer balkenähnlichen Structur durchſchimmern.

TAB. i. Fig. XI. Der obere oder Rückenſchild nach ſeinem innerlichen Anſehen, mit einer genauen Abbildung des Skelets.

a. Der rückwärts gebogene Kopf mit einer hornartigen, ſchuppigen Haut überzogen.

b. Die Höhlung des linken Augs.

c. Der obere krumme und hornartige Schnabel.

d. Der untere gleichfalls hornartige und ſehr ſtarke Schnabel oder Kinnbacken.

e. Der einem Reiher ähnliche aus 8. Wirbelbeinen beſtehende Nacken.

f, f. Zwey Schlüſſelbeine zwiſchen dem lezten und vorlezten, nemlich dem 7ten und 8ten Wirbelbein, die zur Beveſtigung dienen.

g, g. Die Bruſt- oder oberen vörderen Beine des Schulterblats.

b, b. Die

h, h. Die Flügel, oder Flossen, davon die linke noch mit ihrer hornartigen Haut bedeckt ist, die rechte aber die von den Muskeln entblößten Knochen zeigt.

i. Das Schulterbein, mit dem Schlüssel- und Brustbein verbunden.

k. Der rechte Elnbogen, oder das Bein des Vorderarms.

l, l, l. Die 4. Finger, nebst dem Daumen, deren dieser aus 2, jene aber ein jeder aus 4. durch Knorpeln mit einander verbundenen Fingern besteht.

m, m. Die Klauen an den Enden des Daumens und der Finger.

n, n, n. Die 11. Wirbelbeine des Rückens, darunter das erste kurz ist, die übrigen alle aber grösser und hinten mit der Wölbung des Schildes stark zusammengewachsen sind.

o, o. Die 2. falschen Rippen, die vom ersten kürzern Wirbelbein an auf beyden Seiten fortlaufen, bald darauf aber sich in den Schild verlieren.

p, p, p, p. Die 12. grösseren Ribben, die von dem zweiten, dritten rc. Wirbelbein des Rückens auf beyden Seiten sich über Queer ausdehnen und an ihrem andern Ende in den Saum des Schilds sich hineinziehen.

q, q, q. Vier kleinere, breitere und hinabwärts gebogene Ribben, die von dem 8ten und 9ten Wirbelbein an beyden Seiten fortlaufen und sich im Saum des Schilds endigen.

r, r. Zween sehr kurze Anhänge der Ribben, die vom 10ten Wirbelbein an auf beyden Seiten fortlaufen und woran die Flechsen geknüpft sind.

s. Das linke Schaambein.

t. Das linke Hüftbein.

u. Das linke Schenkelbein, das durch Knorpeln an das Schaambein gefügt ist.

w, w, w, w. Der Daume mit den 4. Fingern, deren jener aus 2, diese aber aus 4. Gliedern bestehen.

xx. Die Klauen an den äusersten Gliedern des Fingers und des Daumens.

D 3

yy. Ueber

y, v. Ueber 20 Schwanzwirbelbeine, darunter die 4. erſten veſt am Schilde hängen, die übrigen aber frey und beweglich ſind. Sie nehmen allmählig ab und endigen ſich auf ein Pünktgen, welches zunächſt an das runde Loch des Saums ſtößt.

z. Das runde Loch des Saums, wo ſich über der Gegend des Schwanzes zwey kleine Blechlein verbinden (in commiſſura duar. lamellar.)

⊙ Des obern Schildes und ſeiner Bleche inneres Anſehen.

☿ Der zurückgeſchlagene Saum des obern Schildes und die mehreſten Blechlein deſſelben.

§. XIV.

TAB. k. Von unterſchiedenen Schildkröten 4 obere Rückenſchilde und ein Bruſtſchild.

Fig. XII. zeigt, wie es ſcheint, eine getüpfelte Landſchildkröte. Ihr Rücken= ſchild iſt breiter, nicht ſo erhaben und beſteht aus 13. in drey Reihen an einander gefügten Würfeln, davon 5. nach der Länge des Rückgrats die Wölbung 4. aber an ieder Seite, ſo mit dieſen verbunden ſind, die Seiten ausmachen. Dieſe 3. Reihen Würfeln bilden den ganzen gewölbten Schild und ſind mit einem Saum eingefaßt, der ebenfalls aus ſehr vielen kleinen an einander ſtoſſenden und eng zu= ſammengefügten Würfeln beſteht. Alle Würfeln auf der ganzen Wölbung ſind mit einer Menge gleich vertheilter Puncte, als mit Hirſekörnern, beſprengt: der Saum aber hat ſolche nicht. Da, wo der Schild ſeine höchſte Wölbung hat, lauft ein Strich, oder eine Binde, in der Breite eines Gänſekiels, vom Kopf bis an den Schwanz, wie aus der Abbildung deutlich zu ſehen iſt.

Fig. XIII. ſtellt eine andere Landſchildkröte vor, mit einem erhabenern bun= ten Schilde. Claus Wormius beſchreibt ſolche in Muſeo L. I. c. 22. p. 316 ſqq. unter dem Namen der gemahlten oder geſternten Schildkröte; hat aber keine Abbildung davon gegeben. Es iſt eben dieienige, von welcher fig. 16.

der

der untere Brustschild vorgestellt ist.   Die Würfeln auf dem Rückenschild kom,
men der Beschaffenheit, Ordnung und Zahl nach mit der verhergehenden über,
ein, sind aber erhabener und stellen gleichsam eben so viele kleine gewölbte Schild,
gen vor, sonderlich die mittlere Reihe auf der höchsten Wölbung des Schildes
über dem Rückgrat herab.   Alle diese Würfeln sind mit rothfärbigen Strichen, die
vom Mittelpunct gegen den Umkreis zu laufen, gleich als mit eben so vielen
Stralen, die einen Stern bilden, gezeichnet, die übrige Farbe aber ist stark
schwärzlich, oder vielmehr stark dunkelbraun.   Die Würfeln selbst sind mit ziem,
lich tiefen um den Mittelpunct gezogenen zwar eben nicht runden, doch vieleck,
gen, Röhrgen oder Kanälgen, gleich als mit Furchen, geziert und so oft sie iene
rothfärbige Striche durchschneiden; so verschwindet die Goldfarbe der Striche und
scheint ebenfalls dunkelbraun zu seyn.   Der Saum oder Rand ist nicht rückwärts
gebogen, wie bey der Seeschildkröte, sondern bestehet aus kleinen Schuppen, die
gerad herablaufen.   Diese sind eben so gezeichnet und mit Furchen durchschnitten,
als die Würfeln selbst: doch stellen sie keinen ganzen Würfel, sondern gleichsam
das Viertel eines in 4. Theile zerschnittenen Würfels vor.   Ueberdiß wird der
Saum selbst vorwärts durch ein gewölbtes starkes eines Querfingers breites Bein
durchbrochen, worauf der nächste Würfel der mittlern Reihe, gleich als auf ei,
nem Grunde, aufliegt.

Ob nun gleich dieses Beingen weis ist und weder Farbe noch Sculptur hat:
so mag es doch anfangs eben so wie die übrigen Würfel gefärbt und gefurcht ge,
wesen seyn.   Denn die ganze Substanz des Schildes ist beinern und oben mit
einem hornartigen Blech, als mit einem dünnen Pergamenthäutlein überzogen.
Nimmt man dieses hinweg: (denn es kann ganz, so zu reden, Blechlein für
Blechlein, von der beinernen Substanz, worauf es liegt, abgezogen werden) so
erscheint der ganze Schild ebenfalls, wie ienes vordere Bein, weis; so daß es
glaublich ist, es sey das hornartige Blech über demselben gewaltsamer Weise ab,
gerissen worden.

Fig. XIV. Auch diese Schildkröte ist bunt, etwas weniger gewölbt, und
selbst die Würfeln stellen nicht, wie bey der vorhergehenden, besondere gewölbte

Schild,

Schildlein vor. Die Reihen derſelben ſind wie bey den übrigen, die Geſtalt, Gröſſe und Zahl der Würfeln aber iſt verſchieden: denn der eine ſtellet ein regelmäſſiges, der andere ein unregelmäſſiges Viereck vor, der eine iſt gröſſer, der andere um die Hälfte kleiner ꝛc. doch ſcheint der Saum etwas zurückgebogen.

Fig. XV. zeigt einen andern Rückenſchild, der dem fig. XIII. der Ordnung, und Zahl der Würfel nach faſt gleich kommt; auſer daß ſie platter ſind und iene rothfärbige Stralen nicht haben.

Fig. XVI. iſt der untere oder Bruſtſchild derienigen Schildkröte, welche die 13te fig. vorſtellt: ob er gleich etwas kleiner iſt und daher von einem andern Exemplar hergenommen zu ſeyn ſcheint. Wormius ſagt in ſ. Muſeo am angeführten Orte, daß er aus 8. verſchiedenen gleichſam durch eine Naht verbundenen Blechen beſtehe, darunter 2. noch einmal ſo groß, als die übrigen, alle aber ſchwarz oder ſehr dunkelbraun und rothfärbig getüpfelt ſeyen. Wo dieſe Würfeln an einander gefügt ſind, laufen aus gefurchten dunkelfärbigen Kanälgen, dunkle und braune Stralen, gleich als Binden, über die Länge und Breite, die übrige Stralen aber ſind rothfärbig ſo wie auf der Wölbung.

Ein vortrefliches Urtheil von dieſer die Seeſchildkröte betreffenden Tabellen hat Mich. Fried. Lochner in ſ. Commentar. ad Rariora Muſ. Besleriani Tab. XVI. p. 61. gefället und das Vorhaben D. J. P. Breyns zu Danzig, der ſolche ſchon ehehin an das Licht bringen wollte, gelobet.

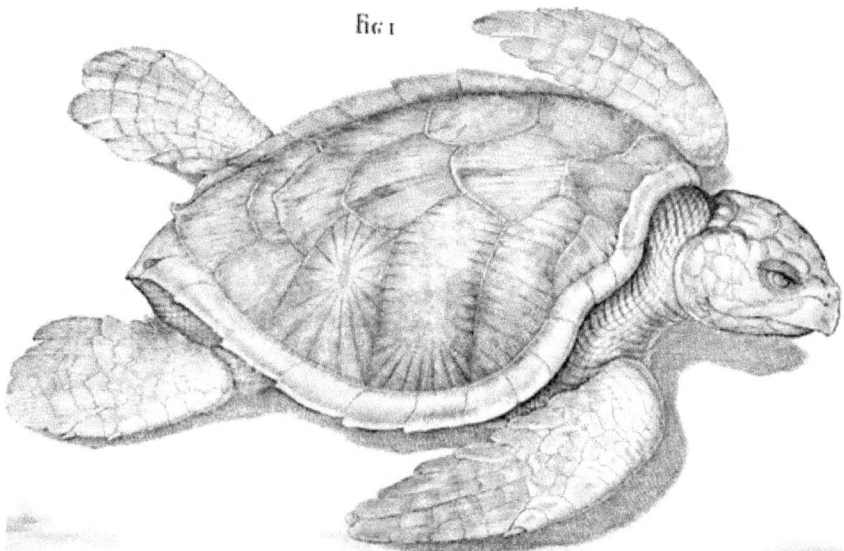

Fig I

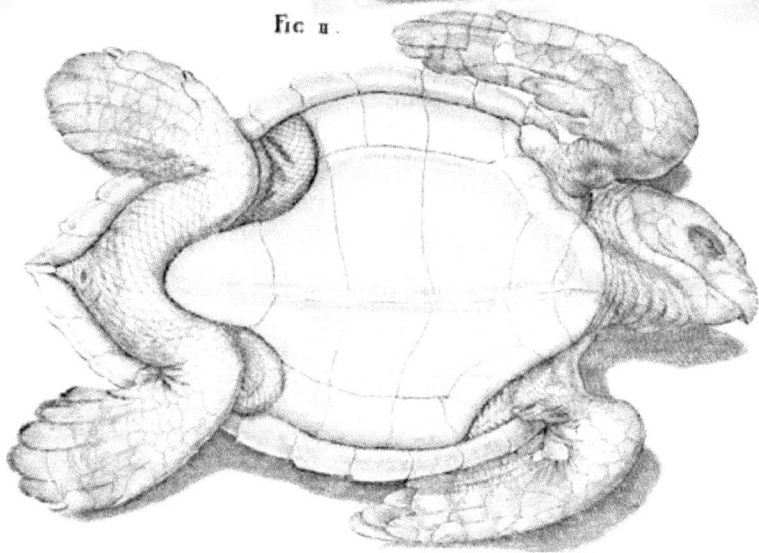

Fig II.

FIG III

FIG. IIII

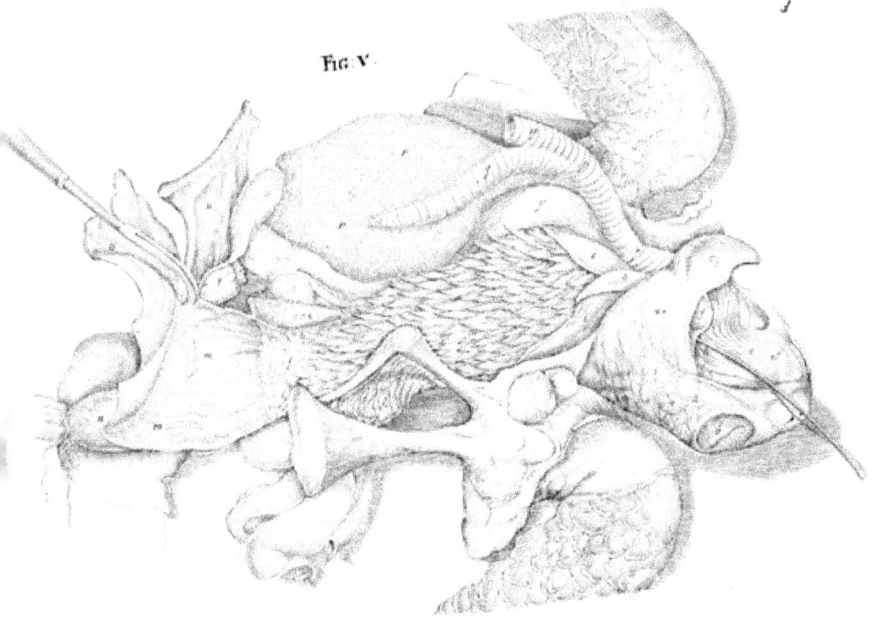

FIG. V.

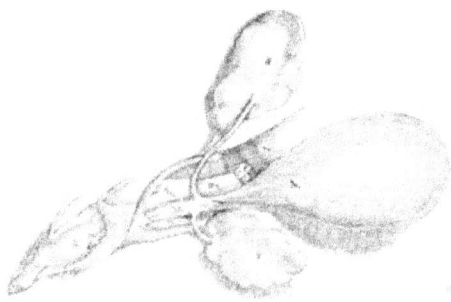

Fig VII.

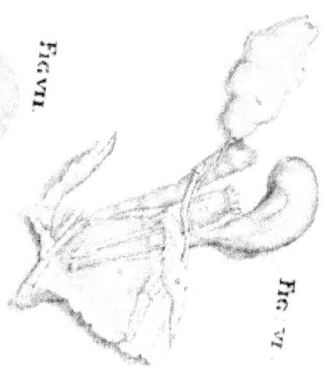

Fig VI

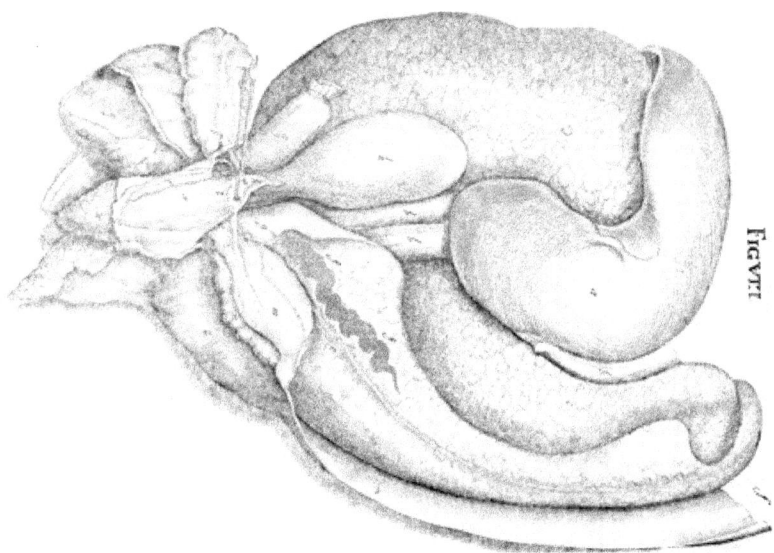

.

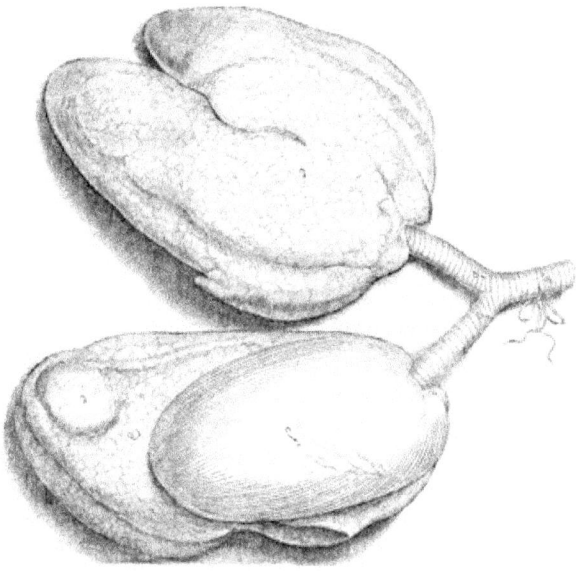

FIG. IX.

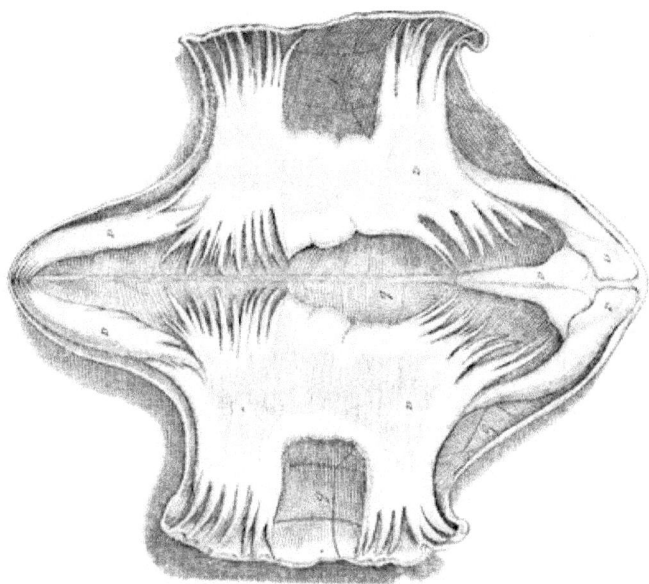

Fig. x

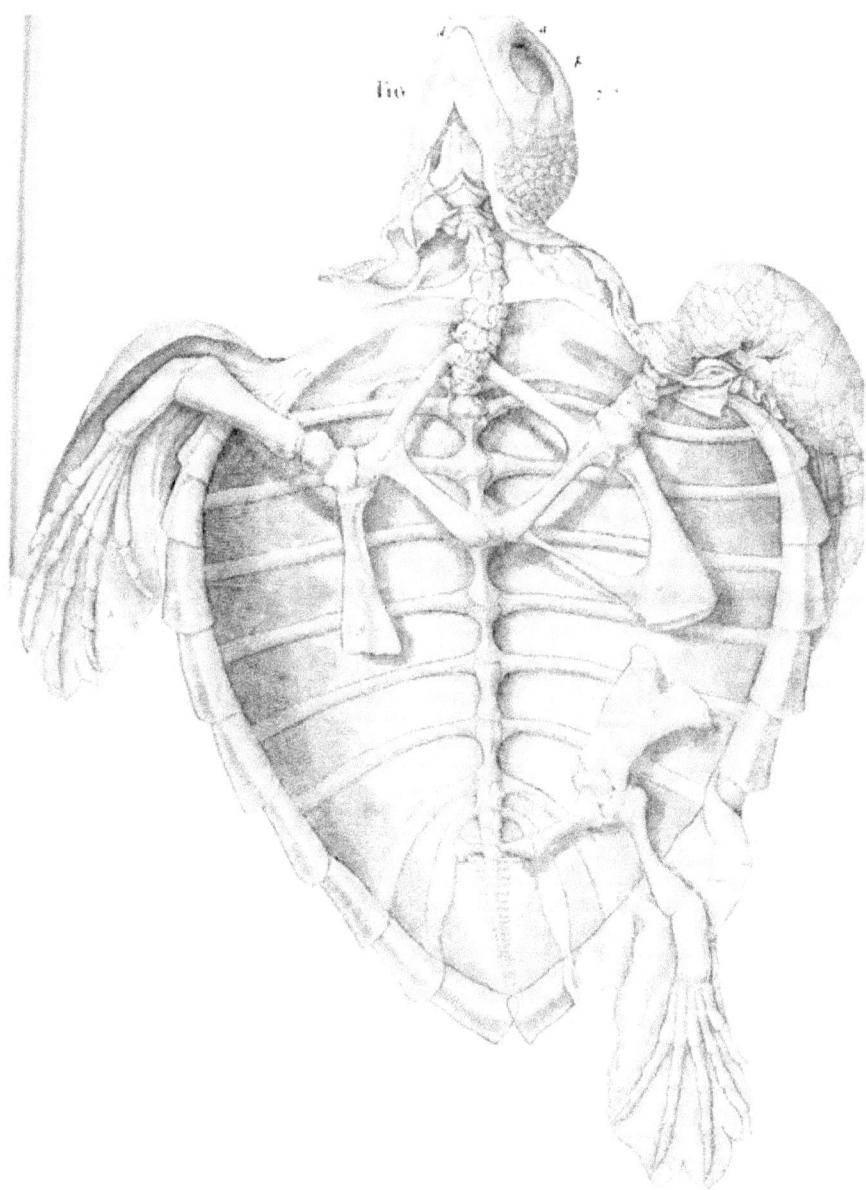

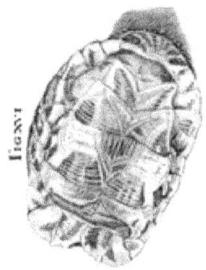

Fig XVI

Fig XIV

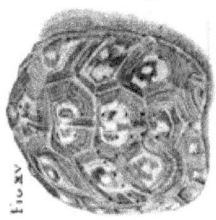

Fig XV

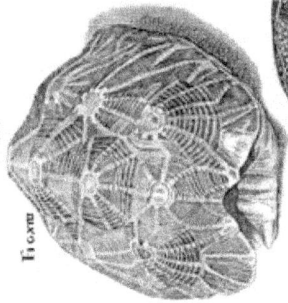

Fig XIII

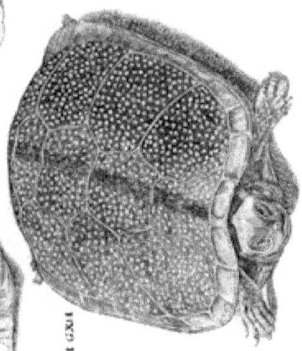

Fig XII

www.ingramcontent.com/pod-product-compliance
Lightning Source LLC
Chambersburg PA
CBHW022023190326
41519CB00010B/1581